目　录

项目一　地基岩土与基础认知

任务一　地基岩土认知

技能训练 1.1.1　土颗粒级配试验（筛分法）

1. 任务描述

在土工实验室完成土颗粒级配试验，并通过计算完成任务工单 1.1.1。

2. 任务开展

任务工单 1.1.1　土颗粒级配试验（筛分法）

工程部位 / 用途	路基填筑	记录编号	× ×
样品描述	× × × ×	样品编号	× ×
试验条件	室温	试验依据	《公路土工试验规程》（JTG 3430—2020）
主要仪器设备	标准土壤筛、电子天平、振筛机等		
产地	× ×	试验日期	× ×
筛前总土质量（g）	4 000	小于 2 mm 取试样质量（g）	
小于 2 mm 土质量（g）		小于 2 mm 土占总土质量（%）	
粗筛分析		细筛分析	

续表

圆孔筛孔径（mm）	累积留筛土质量（g）	小于该孔径土质量（g）	小于该孔径土质量百分比（%）	圆孔筛孔径（mm）	累积留筛土质量（g）	小于该孔径的土质量（g）	小于该孔径土质量百分比（%）	占总土质量百分比（%）
60				2.0				
40				1.0				
20				0.5				
10				0.25				
5				0.075				
2				筛底 $m_{底}$				

3. 任务评价

评分标准：

1. 试验操作规范（20分）；

2. 试验数据记录标准、完整（20分）；

3. 计算结果满足精度要求（40分）；

4. 试验结束，收拾工具并归还、清洁试验场地（20分）。

总分：100分　　　　　　　　　　　评分：＿＿＿＿＿＿

技能训练 1.1.2　正确查阅和使用标准

1. 任务描述

在教师的指导下，通过"工标网"查阅本任务涉及的规范标准，并完成任务工单1.1.2。

2. 任务开展

任务工单 1.1.2　正确查阅和使用标准

1. 根据《公路土工试验规程》(JTG 3430—2020)、《土工试验方法标准》(GB/T 50123—2019)，其中：

（1）JTG: 代表什么？＿＿＿＿＿＿　（2）GB/T: 代表什么？＿＿＿＿＿＿＿＿

（3）(JTG E40—2007) 与 (JTG 3430—2020) 有什么不同？＿＿＿＿＿＿＿

＿＿＿＿＿＿＿＿＿＿＿＿＿＿＿＿

（4）(GB/T 50123—1999) 和 (GB/T 50123—2019) 有什么不同？＿＿＿＿＿

＿＿＿＿＿＿＿＿＿＿＿＿＿＿＿＿

续表

（5）规程、规范、标准，三者有区别吗？ _____
2.《公路土工试验规程》(JTG 3430—2020) 与《土工试验方法标准》(GB/T 50123—2019) 中的击实试验方法有哪些不同？列举说明。 相同点：_____ _____ _____ _____ 不同点：_____ _____ _____ _____

3. 任务评价

评分标准： 第 1 题 50 分（每小题 10 分）；第 2 题 50 分。 总分：100 分　　　　　　　　　　　　　　　　评分：_____

技能训练 1.1.3　土的击实试验

1. 任务描述

在土工实验室完成土的击实试验，并通过计算完成任务工单 1.1.3。

2. 任务开展

任务工单 1.1.3　土的击实试验

工程部位 / 用途	地质勘察		记录编号	× ×	
样品描述	砂砾		样品编号	× ×	
试验条件	室温		试验依据	《公路土工试验规程》（JTG 3430—2020）	
主要仪器设备	标准击实仪、烘箱及干燥器、电子天平等				
产地	× ×		试验日期	× ×	
击锤质量（g）		每层击数		落距（mm）	
试验次数	1	2	3	4	5

续表

干密度	筒容积					
	筒质量（g）					
	筒+湿土质量（g）					
	湿土质量（g）					
	湿密度（g/cm³）					
	干密度（g/cm³）					
含水率	盒号					
	盒质量（g）					
	盒+湿土质量（g）					
	盒+干土质量（g）					
	水质量（g）					
	干土质量（g）					
	含水率（%）					
	平均含水率（%）					
最大干密度（g/cm³）				最佳含水率（%）		
含水率与干密度关系曲线						

3. 任务评价

评分标准：

1. 试验操作规范（20分）；

2. 试验数据记录标准、完整（20分）；

3. 计算结果满足精度要求（40分）；

4. 试验结束，收拾工具并归还、清洁试验场地（20分）。

总分：100分   评分：＿＿＿＿＿＿

任务二 地基基础认知

技能训练 1.2.1 识别地基土和基础的类型

1. 任务描述

认识地基土的类别和地基基础的类型，完成任务工单 1.2.1。

2. 任务开展

任务工单 1.2.1 识别地基土和基础的类型

1. 按照《公路桥涵地基与基础设计规范》(JTG 3363—2019) 和《建筑地基基础设计规范》(GB 50007—2011) 分类标准，根据地基岩土和基础的特点，判断以下地基岩土和基础属于哪一类型。

例如：图 A__条形__基础   图 1_____基础

图 2_____土   图 3_____土

续表

图 4_____基础

图 5_____基础

图 6_____基础

图 7_____基础

图 8_____基础

图 9_____基础

图 10_____土

图 11_____土

续表

图 12_____土

图 13_____土

图 14_____基础

图 15_____基础

图 16_____基础

图 17_____基础

2. 说明岩石风化对工程建设有什么影响？

_____

_____

_____

_____

_____

3.任务评价

评分标准：

第1题85分（每小题5分）；第2题15分。

总分：100分   评分：＿＿＿＿＿＿

知识测评   得分：＿＿＿＿＿＿

一、选择题（多选题，每题4分，共28分）

1.岩石的风化程度分为（   ）5级。

A.化学风化　　　　B.全风化　　　　　　C.中等风化　　　　D.强风化

E.物理风化　　　　F.微风化　　　　　　G.未风化

2.土是由三相组成，干土是指土中含有（   ）。

A.固体颗粒　　　　B.气体　　　　　　　C.固态水　　　　D.液态水　　　E.空气

3.我国土的工程分类标准规范主要有（   ）。

A.《土的工程分类标准》（GB/T 50145—2007）

B.《建筑地基基础设计规范》（GB 50007—2011）

C.《公路桥涵地基与基础设计规范》（JTG 3363—2019）

D.《公路土工试验规程》（JTG 3430—2020）

E.《公路工程地质勘察规范》（JTG C20—2011）

4.土的密度是指土的总质量与总体积之比，即单位体积土的质量，其单位是 g/cm^3。根据土所处的状态不同，土的密度分为（   ）3种。

A.天然密度　　　　B.干密度　　　　　　C.最大干密度　　　　D.饱和密度

5.灌砂法测定土的密度试验是在（   ）完成。

A.实验室　　　　　B.工地现场　　　　　C.天然状态　　　　D.工地试验室

6.由石灰、土和水按比例配合，经分层夯实而成的基础是（   ）。

A.砖基础　　　　　B.灰土基础　　　　　C.毛石基础　　　　D.混凝土基础

7.以下基础属于浅基础的是（   ），属于深基础的是（   ）。

A.桩基础　　　　　B.柱下条形基础　　　C.墩基础　　　　D.联合基础

E.扩展基础　　　　F.地下连续墙基础　　G.独立基础

二、判断题（每题5分，共35分）

1.地基就是场地建筑物下支承基础的土体。   （   ）

2.岩石可以作为建筑物的天然地基，不需要人工处理。　　　　　　　　（　　）

3.土其实是岩石经过长期风化形成的。　　　　　　　　　　　　　　　（　　）

4.岩石按坚硬程度可划分为坚硬岩、较硬岩、较软岩、软岩、极软岩。（　　）

5.干土、湿土、饱和土都是三相土（固相、液相、气相）。　　　　　（　　）

6.土的颗粒分析试验是测定土的粒径大小和级配状况，为土的分类、定名和工程应用提供依据，指导工程施工。　　　　　　　　　　　　　　　　　　（　　）

7.击实试验是为控制路堤、土坝或填土地基等的密实度及质量的评价提供重要依据的实验。　　　　　　　　　　　　　　　　　　　　　　　　　　　（　　）

三、拓展题（每题 22 分，共 44 分）

1.地基与基础本质区别在哪里？并用实景图标注地基和基础的位置。（注：实景图可以自行拍，然后打印贴在上面，再标注）

_____

_____

_____

_____

_____

2.举 1~2 个例，说明因地基基础原因导致建筑物失稳的案例（需要分析原因）。

_____

_____

_____

_____

_____

目标评价

在线测试

1.素养评价

序号	素养目标	素养点	配分	得分
1	规范意识	通过岩土试验，知道查阅规范的途径	6	
		土工试验操作按现行规范要求进行		
2	安全意识	实训时，遵守实训室管理规定	6	
		听从管理安排，有安全意识行为		

续表

3	劳动精神	实训工具清洁存放	6	
		实训后清洁和整理环境		
序号	素养目标	素养点	配分	得分
4	工匠精神	实训结果符合精度要求	6	
		实训结果不理想,会主动返工,具有精益求精的工匠精神		
5	团结协作	小组分工协作、共同完成实训任务	6	
		出现返工,不抱怨、不指责		
	总分		30	

2. 知识评价

序号	评分标准	配分	得分
1	知道地基岩土的工程分类,掌握土的性质指标试验	5	
2	知道基础的不同分类方法和基础类型	5	
3	理解并掌握基础的受力	5	
4	"知识测评"得分_____	15	换算得分_____
	总分	30	

3. 技能评价

序号	技能点	任务工单	配分	换算得分
1	土颗粒级配试验(筛分法)	任务工单 1.1.1	10	
2	学会查阅和使用国家、行业规范标准	任务工单 1.1.2	10	
3	土的击实试验	任务工单 1.1.3	10	
4	识别地基土和基础的类型	任务工单 1.2.1	10	
	总分		40	

注:①注意换算得分的算法。例如,任务工单 1.1.1 得分为 80 分,配分为 10 分,换算得分为 80×10%=8(分)。

②素质评价、知识评价可采用小组评价或同学互评进行。

总体目标测评：_____

 **总结与反思**

素质达标分析_____

_____

知识达标分析_____

_____

技能达标分析_____

_____

学习方法分析_____

_____

教学方法分析_____

_____

总结_____

_____

反思_____

_____

建议_____

_____

_____

项目二　土方工程施工

任务一　土方开挖

技能训练 2.1.1　土方开挖流程及技术要点

1. 任务描述

根据教材"××花园 1# 楼工程土方开挖方案"工程案例,再通过网络资源,查找土方开挖的相关视频观看,然后分组讨论,并完成任务工单 2.1.1。

2. 任务开展

任务工单 2.1.1　土方开挖流程及技术要点

1. 归纳总结:××花园 1# 楼工程土方开挖的工艺流程,并画出流程图。
2. 归纳总结:××花园 1# 楼工程土方开挖的技术要点。

3. 任务评价

评分标准：

第 1 题 50 分；第 2 题 50 分。

总分：100 分   评分：_____

任务二 土方回填

技能训练 2.2.1 土方回填的技术要点

1. 任务描述

查阅《建筑地基基础工程施工规范》(GB 51004—2015)、《建筑地基基础工程施工质量验收标准》(GB 50202—2018)，完成任务工单 2.2.1。

2. 任务开展

任务工单 2.2.1 土方回填的技术要点

1. 查阅《建筑地基基础工程施工规范》(GB 51004—2015)、《建筑地基基础工程施工质量验收标准》(GB 50202—2018)，这两个标准、规范有什么不同？
2. 根据标准，说明土方回填的填土材料有什么要求？
3. 根据标准，说明回填土压实的方法有哪些？

3. 任务评价

评分标准：

第1题30分；第2题40分；第3题30分。

总分：100分   评分：_____

任务三　土方工程机械施工

技能训练 2.3.1　识别工程机械及其适用范围

1. 任务描述

查阅《建筑施工土石方工程安全技术规范》(JGJ 180—2009) 和《公路工程施工安全技术规范》（JTG F90—2015），根据工程机械的特点，判断以下工程机械属于哪一类型工程机械以及适用范围，并完成任务工单 2.3.1。

2. 任务开展

任务工单 2.3.1　识别工程机械及其适用范围

图1

图2

图3

图4

续表

图 5

图 6

图 7

图 8

图 9

图 10

图 11

续表

例如：图 2 是　轮式装载机　适用范围　在公路等建设工程中用于铲装土壤、砂石、石灰等。
1. 图 2 是＿＿＿＿＿＿适用范围＿＿＿＿＿＿＿＿＿＿＿＿＿＿＿＿＿＿＿
2. 图 3 是＿＿＿＿＿＿适用范围＿＿＿＿＿＿＿＿＿＿＿＿＿＿＿＿＿＿＿
3. 图 4 是＿＿＿＿＿＿适用范围＿＿＿＿＿＿＿＿＿＿＿＿＿＿＿＿＿＿＿
4. 图 5 是＿＿＿＿＿＿适用范围＿＿＿＿＿＿＿＿＿＿＿＿＿＿＿＿＿＿＿
5. 图 6 是＿＿＿＿＿＿适用范围＿＿＿＿＿＿＿＿＿＿＿＿＿＿＿＿＿＿＿
6. 图 7 是＿＿＿＿＿＿适用范围＿＿＿＿＿＿＿＿＿＿＿＿＿＿＿＿＿＿＿
7. 图 8 是＿＿＿＿＿＿适用范围＿＿＿＿＿＿＿＿＿＿＿＿＿＿＿＿＿＿＿
8. 图 9 是＿＿＿＿＿＿适用范围＿＿＿＿＿＿＿＿＿＿＿＿＿＿＿＿＿＿＿
9. 图 10 是＿＿＿＿＿＿适用范围＿＿＿＿＿＿＿＿＿＿＿＿＿＿＿＿＿＿＿
10. 图 11 是＿＿＿＿＿＿适用范围＿＿＿＿＿＿＿＿＿＿＿＿＿＿＿＿＿＿＿

3. 任务评价

评分标准：
每题 10 分（每空 5 分）。
总分：100 分　　　　　　　　　　　　　　　　　评分：＿＿＿＿＿＿

 **知识测评**　　　　　　　　　　　得分：＿＿＿＿＿＿

一、不定项选择题（每题 6 分，共 30 分）

1. 土方开挖的施工流程是（　　　）。

A. 施工准备→清理与掘除→测量放线→分层开挖→降排水→修坡→支护→整平→验收

B. 施工准备→测量放线→修坡→清理与掘除→支护→降排水→分层开挖→整平→验收

C. 施工准备→测量放线→清理与掘除→降排水→分层开挖→修坡→支护→整平→验收

D. 施工准备→分层开挖→测量放线→清理与掘除→修坡→降排水→支护→整平→验收

2. 一类土即松软土，主要有（　　　）。

A. 砂土　　　　　　B. 粉土　　　　　　C. 腐殖土　　　　　D. 种植土

E. 淤泥　　　　　　　F. 黏土

3.机械化施工作业时，操作人员不得（　　　）。

A.擅自离开岗位　　　　　　　　　B.将机械设备交给无证人员操作

C.疲劳作业　　　　　　　　　　　D.酒后作业

4.某工程开挖沟槽，长80 m，宽6 m，开挖深度为停机面以下。土为坚土，土的含水率稍大，较适宜的挖土机是（　　　）。

A.正铲挖土机　　　B.反铲挖土机　　　C.拉铲挖土机　　　D.抓铲挖土机

5.拉铲挖土机有（　　　）等特点。

A.后退向下，自重切土　　　　　　B.能开挖一至四类土

C.主要开挖停机面以上的土　　　　D.挖土效率较其他挖土机高

E.适用于开挖较深较大的基坑（槽）及水中泥土

二、判断题（每题6分，共30分）

1.地基开挖的目的是将不符合设计要求的风化、破碎、有缺陷和软弱的岩层、松软的土和冲积物等挖掉，使建筑物修建在可靠的地基上。　　　　　　　　（　　　）

2.土石方工程施工流程是场地平整、测量放线、开挖、运输、填筑、压实、施工降排水、边坡支护。　　　　　　　　　　　　　　　　　　　　　　　　　（　　　）

3.在基坑开挖前，要根据施工图纸、基坑开挖放坡坡度及核准的轴线桩测放样基坑开挖上下口的白灰线。　　　　　　　　　　　　　　　　　　　　　　（　　　）

4.橡皮土是指含水率很高，土呈现软塑状态，踩上去会有颤动感觉的土壤。　　　　　　　　　　　　　　　　　　　　　　　　　　　　　　　（　　　）

5.铲运机可以当装载机用，装载机也可以代替铲运机用。　　　　（　　　）

三、拓展题（每题20分，共40分）

1.机械施工时，应注意哪些安全问题？

_____

_____

_____

_____

2.查阅资料，写出拉铲挖掘机的施工方法。

_____

_____

_____

_____

 目标测评

在线测试

1. 素养评价

序号	素养目标	素养点	配分	得分
1	规范意识	知道工程施工要遵循相关标准的规定	6	
2	安全意识	知道工程施工遵循"安全第一、质量第一"的原则	6	
3	劳动精神	知道工程施工的艰辛，但不畏施工的苦和累，仍然热爱自己今后的职业	6	
4	工匠精神	技能训练任务完成情况好，积极性高，有精益求精的精神	6	
5	团结协作	有小组分工协作、共同完成任务的行为	6	
		对本任务学习有总结		
	总分		30	

2. 知识评价

序号	评分标准	配分	得分
1	熟悉土方施工的工艺流程，包含开挖和回填	5	
2	知道常用土方施工机械的性能和使用范围	5	
3	掌握土方施工的安全事项	5	
4	"知识测评"得分_____	15	换算得分_____
	总分	30	

3. 技能评价

序号	技能点	任务工单	配分	换算得分
1	土方开挖流程及技术要点	任务工单2.1.1	15	
2	土方回填的技术要点	任务工单2.2.1	15	
3	识别工程机械及其适用范围	任务工单2.3.1	10	
	总分		40	

注：①注意换算得分的算法。例如，任务工单1得分为80分，配分为10分，换算得分为80×10%=8（分）。

②素质评价、知识评价可采用小组评价或同学互评进行。

总体目标测评：_____

总结与反思

素质达标分析_____

_____

知识达标分析_____

_____

技能达标分析_____

_____

学习方法分析_____

_____

教学方法分析_____

_____

总结_____

_____

反思_____

_____

建议_____

_____

_____

项目三　基坑支护施工

任务一　基坑支护认知

技能训练 3.1.1　土方开挖的规范行为分析

1. 任务描述

根据教材"楼房倒塌事故"工程案例，再通过网络查找相关资源，分组讨论，并完成任务工单 3.1.1。

2. 任务开展

任务工单 3.1.1　土方开挖的规范行为分析

提示：1. 依据国家、行业相关标准进行分析； 　　　2. 通过查阅其他相关资料进行分析。
1. 分析楼房倒塌与基坑开挖有什么关系？
2. 针对楼房倒塌事故，根据基坑开挖的"一般规定和要求"，分析如何避免事故发生？

3. 任务评价

评分标准:	
第 1 题 40 分；第 2 题 60 分。	
总分：100 分	评分：_____

任务二 基坑支护施工

技能训练 3.2.1 基坑支护施工安全事故分析

1. 任务描述

通过网络资源、新闻平台等方式，查找 1 个基坑支护工程施工安全事故的案例，根据国家规范、标准，掌握基坑支护施工要点及提高安全意识，完成任务工单 3.2.1。

2. 任务开展

任务工单 3.2.1 基坑支护施工安全事故分析

提示：1. 分析事故产生的原因；
　　　2. 分析生产安全责任。

1. 描述生产安全责任事故产生的经过。

_____

_____

_____

_____

2. 分析生产安全责任事故产生的原因。

_____

_____

_____

_____

3. 分析生产安全责任事故的处理。

_____

_____

_____

_____

3. 任务评价

评分标准：

第 1 题 20 分；第 2 题 40 分；第 3 题 40 分。

总分：100 分   评分：＿＿＿＿＿

任务三　基坑降水排水施工

技能训练 3.3.1　基坑降排水施工事故原因分析

1. 任务描述

根据以下工程案例，分析基坑降排水事故原因，完成任务工单 3.3.1。

2. 任务开展

任务工单 3.3.1　基坑降排水施工事故原因分析

某大厦地上 31 层，高 100 m，基坑深 14 m，基础为箱形基础。该场地的工程地质从上至下为：第一层土厚 1.65 m，第二层土厚 9.35 m，第三层土厚 10 m，地下水位为 − 5.0 m。

该基坑施工方法为：先放坡 5.3 m 深，然后采用钢筋混凝土灌注桩加两层锚杆支护，桩径为 1.0 m，桩长 13.25 m，间距为 1.6 m，嵌固深度为 4.55 m，锚杆长 16 m，倾角为 15°，层距为 3.5 m，用槽钢作横梁，如下图所示。基坑开挖时，采用深井降水。当基坑开挖到设计标高后不久，基坑局部便发生破坏。首先是锚杆端部脱落，横梁掉下，桩间土开裂。随着时间的推移，桩土之间裂缝增大，桩后 4 m 远的基坑周围地面开始出现裂缝，裂宽逐渐增大，最后倒塌。基坑的破坏使邻近的自来水管道断裂，基坑浸泡，接着再次塌方，支护桩在坑底附近被折断。分析本事故发生的原因。

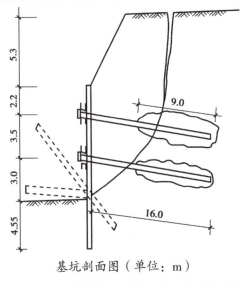

基坑剖面图（单位：m）

1. 为什么会出现锚杆端部脱落，横梁掉下，桩间土开裂？

_____

_____

_____

_____

2. 随着时间的推移，桩土之间裂缝增大，桩后4m远的基坑周围地面开始出现裂缝，裂宽逐渐增大，最后倒塌，为什么？

_____

_____

_____

_____

3. 基坑的破坏使邻近的自来水管道断裂，基坑浸泡，接着再次塌方，支护桩在坑底附近被折断，为什么？

_____

_____

_____

_____

3. 任务评价

评分标准：

第1题40分；第2题30分；第3题30分。

总分：100分   评分：_____

知识测评   得分：_____

一、单项选择题（每题3分，共15分）

1. 某基坑宽度大于6 m，降水轻型井点在平面上宜采用（　　）形式。

A. 单排　　　　B. 双排　　　　　　C. 环形　　　　　　　D. U形

2. 深基坑是指开挖深度大于（　　）的基坑。

A. 5 m　　　　B. 8 m　　　　　　C. 3 m　　　　　　　D. 10 m

3. 基坑支护安全等级分为（　　）类。

A. 一　　　　　B. 二　　　　　　C. 三　　　　　　　D. 四

4. 基坑支护设计应规定其设计年限，基坑支护的设计年限不应小于（　　）。

A. 半年　　　　B. 一年　　　　C. 一年半　　　　D. 二年

5. 依据基坑深度、水文地质条件、环境条件和使用条件等合理划分基坑侧壁安全等级。安全等级划分为（　　　　）。

A. 一级、二级　　　　　　　　B. 一级、二级、三级

C. 一级、二级、三级、四级　　　D. 一级、二级、三级、四级、五级

二、填空题（每空 2 分，共 34 分）

1. 轻型井点设备主要包括_____、_____、_____、_____和抽水设备等。

2. 井点降水分为_____、_____、_____和_____。

3. 集水明排施工一般采用_____、_____和_____的方法。

4. 土的边坡可做成_____、_____和_____。

5. 基坑支护安全等级分为_____、_____、_____。

三、简答题（每题 10 分，共 30 分）

1. 什么是流砂，如何预防？

_____

_____

2. 土钉墙是如何形成的？

_____

_____

3. 简述基坑降水的目的。

_____

_____

_____

四、拓展题（21 分）

查阅上海环球金融中心基坑施工相关资料，简述基坑的施工概况（包括基坑尺寸、支护方式、施工难点、解决措施等）。

_____

_____

_____

_____

_____

 **目标测评**

在线测试

1. 素养评价

序号	素养目标	素养点	配分	得分
1	规范意识	形成查阅和正确使用现行规范的意识和行为	6	
2	安全意识	通过案例，知道工程施工的安全意义	6	
3	劳动精神	不畏施工的艰辛，具有爱岗敬业精神	6	
4	工匠精神	完成技能任务认真负责、精益求精	6	
5	团结协作	有小组分工协作、共同完成任务的行为	6	
	总分		30	

2. 知识评价

序号	评分标准	配分	得分
1	熟悉深基坑支护的类型及适用条件	5	
2	掌握熟悉深基坑支护施工工艺	5	
3	掌握基坑降排水施工工艺	5	
4	"知识测评"得分_____	15	换算得分_____
	总分	30	

3. 技能评价

序号	技能点	任务工单	配分	换算得分
1	土方开挖的规范行为分析	任务工单 3.1.1	15	
2	基坑支护施工安全事故分析	任务工单 3.2.1	10	
3	基坑降排水施工事故原因分析	任务工单 3.3.1	15	
	总分		40	

注：①注意换算得分的算法。例如，任务工单 1 得分为 80 分，配分为 10 分，换算得分为：80×10%=8（分）。
②素质评价、知识评价可采用小组评价或同学互评进行。

总体目标测评：_____

 总结与反思

素质达标分析_____
_____
_____

知识达标分析_____
_____
_____

技能达标分析_____
_____
_____

学习方法分析_____
_____
_____

教学方法分析_____
_____
_____

总结_____
_____
_____

反思_____
_____
_____

建议_____
_____
_____

项目四　地基处理

任务一　软弱地基处理

技能训练 4.1.1　换填垫层施工要点及安全保证

1. 任务描述

根据教材"×××高速联络线第七合同段砂砾垫层施工步骤"工程案例，再通过查阅规范，查找换填垫层的相关视频观看，然后分组讨论"换填垫层流程及技术要点"，并完成任务工单 4.1.1。

2. 任务开展

任务工单 4.1.1　换填垫层施工要点及安全保证

1.换填垫层的材料主要有哪些？何时选用换填垫层地基加固这种方法？
2.为什么砂石垫层施工要有安全保证措施和环境保证措施？

3. 任务评价

评分标准：

第 1 题 50 分；第 2 题 50 分。

总分：100 分   评分：＿＿＿＿＿＿

任务二　夯实地基处理

技能训练 4.2.1　分析强夯地基处理方法

1. 任务描述

在进行强夯地基处理施工中，有时会出现一些问题。这些问题如果不处理，将会影响施工质量。根据以上知识，查阅国家标准《建筑地基基础工程施工规范》(GB 51004—2015)、行业规范《建筑地基处理技术规范》(JGJ 79—2012) 和相关书籍，分组讨论强夯地基处理的技术要点，并完成任务工单 4.2.1。

2. 任务实施

任务工单 4.2.1　分析强夯地基处理方法

1. 当场地表层土软弱或地下水位较高时，地基处理宜采取什么措施：

＿＿＿＿＿＿＿＿＿＿＿＿＿＿＿＿＿＿＿＿＿＿＿＿＿＿＿＿＿＿＿＿＿＿＿＿＿＿＿

＿＿＿＿＿＿＿＿＿＿＿＿＿＿＿＿＿＿＿＿＿＿＿＿＿＿＿＿＿＿＿＿＿＿＿＿＿＿＿

分析原因，并注明来源。（什么标准、什么规范、什么书籍？）

＿＿＿＿＿＿＿＿＿＿＿＿＿＿＿＿＿＿＿＿＿＿＿＿＿＿＿＿＿＿＿＿＿＿＿＿＿＿＿

＿＿＿＿＿＿＿＿＿＿＿＿＿＿＿＿＿＿＿＿＿＿＿＿＿＿＿＿＿＿＿＿＿＿＿＿＿＿＿

＿＿＿＿＿＿＿＿＿＿＿＿＿＿＿＿＿＿＿＿＿＿＿＿＿＿＿＿＿＿＿＿＿＿＿＿＿＿＿

＿＿＿＿＿＿＿＿＿＿＿＿＿＿＿＿＿＿＿＿＿＿＿＿＿＿＿＿＿＿＿＿＿＿＿＿＿＿＿

2. 强夯地基处理的技术要点有哪些？并注明来源。（什么标准、什么规范、什么书籍？）

＿＿＿＿＿＿＿＿＿＿＿＿＿＿＿＿＿＿＿＿＿＿＿＿＿＿＿＿＿＿＿＿＿＿＿＿＿＿＿

＿＿＿＿＿＿＿＿＿＿＿＿＿＿＿＿＿＿＿＿＿＿＿＿＿＿＿＿＿＿＿＿＿＿＿＿＿＿＿

＿＿＿＿＿＿＿＿＿＿＿＿＿＿＿＿＿＿＿＿＿＿＿＿＿＿＿＿＿＿＿＿＿＿＿＿＿＿＿

＿＿＿＿＿＿＿＿＿＿＿＿＿＿＿＿＿＿＿＿＿＿＿＿＿＿＿＿＿＿＿＿＿＿＿＿＿＿＿

3.任务评价

评分标准:
第1题60分;第2题40分。
总分:100分   评分:＿＿＿＿＿＿＿＿

任务三　其他地基处理

技能训练 4.3.1　地基处理方法

1.任务描述

查阅《建筑地基处理技术规范》(JGJ 79—2012)及《建筑地基基础工程施工规范》(GB 51004—2015)、《公路桥涵地基与基础设计规范》(JTG 3363—2019),根据地基处理的特点,判断以下地基处理方法属于哪一种类型?并完成任务工单4.3.1。

2.任务实施

任务工单 4.3.1　地基处理方法

图1　　　　　　　　　　　图2

图3　　　　　　　　　　　图4

续表

图 5

图 6

图 7

图 8

图 9

图 10

1. 一般地基处理方法主要有_____、_____、_____、_____、_____、_____、_____、_____、_____。

2. 判断以上地基处理方法属于哪一种类型。

图__1__是_____；图__2__是_____

图__3__是_____；图__4__是_____

图__5__是_____；图__6__是_____

图__7__是_____；图__8__是_____

图__9__是_____；图__10__是_____

3.任务评价

评分标准：

第 1 题 20 分（每空 2 分）；第 2 题 80 分（每小题 8 分）。

总分：100 分   评分：_____

知识测评   得分：_____

一、不定项选择题（每题 5 分，共 30 分）

1.地基处理的目的是（   ）。

A.提高地基土的承载力   B.降低地基土的压缩性

C.改善地基的透水特性   D.改善地基土的动力特性

E.改善特殊土不良地基特性

2.换填法适用于（   ）。

A.所有的土层都适用换填法   B.全部软弱土

C.部分软弱土   D.膨胀土

3.CFG 桩的主要成分是（   ）。

A.石灰、水泥、粉煤灰   B.黏土、碎石、粉煤灰

C.水泥、碎石、粉煤灰   D.黏土、碎石、水泥

4.强夯法不适用于以下哪种地基土？（   ）。

A.软弱砂土   B.杂填土

C.饱和软黏土   D.湿陷性黄土

5.灰土的强度随用灰量的增加而提高，但当大于一定限值后，强度增加很小。灰土中，石灰与土的体积配合比宜为（   ）。

A.2:8   B.3:7   C.4:7   D.5:5

6.《建筑地基基础工程施工规范》（GB 51004—2015），砂和砂石垫层材料宜选用（   ），并应级配良好，不含植物残体、垃圾等杂质。

A.碎石、卵石、砾石、粗砂、中砂

B.碎石、卵石、角砾、细砂或石屑

C.碎石、卵石、砾砂、细砂或石屑

D.碎石、卵石、圆砾、粗砂、细砂或石屑

二、判断题（每题 6 分，共 30 分）

1.砂石垫层中，砂石的最大粒径不宜大于 50 mm，含泥量不应大于 5%。（   ）

2.灰土地基土料的施工含水率宜控制在最佳含水率 ±4% 的范围内，最佳含水率

可通过击实试验确定，也可按当地经验取用。　　　　　　　　　　　（　　）

3. 强夯地基施工时，夯锤的底面宜对称设置若干个上下贯通的排气孔，孔径宜为 300 ~ 400 mm。　　　　　　　　　　　　　　　　　　　　　　　（　　）

4. 预压法分为堆载预压法、真空预压法和真空堆载联合预压法 3 种。　（　　）

5. 水泥粉煤灰碎石桩桩顶标高宜高于设计桩顶标高 1 m 以上。　　　　（　　）

三、拓展题（每题 20 分，共 40 分）

1. 砂石垫层施工时，具体的验收方法是什么？

_____

_____

_____

_____

2. 查阅资料，CFG 桩施工时，褥垫层在地基中所起的作用是什么？

_____

_____

_____

_____

目标评价

在线测试

1. 素养评价

序号	素养目标	素养点	配分	得分
1	规范意识	具有分析问题的能力，养成查阅和正确使用现行规范的行为	6	
2	安全意识	具有工程质量安全和工程施工安全防范意识和行为	6	
3	劳动精神	学一行、爱一行，具有爱岗敬业精神	6	
4	工匠精神	完成技能任务认真负责，积极性高，具有精益求精的工匠精神	6	
5	团结协作	有小组分工协作、共同完成任务的行为	6	
		对本任务学习有总结		
总分			30	

2. 知识评价

序号	评分标准	配分	得分
1	知道常见的地基处理的类型及适用范围	5	
2	掌握换填垫层的土料要求及施工工艺	5	
3	熟悉夯实地基的施工方法	5	
4	"知识测评"得分＿＿＿＿＿	15	换算得分＿＿＿＿＿
	总分	30	

3. 技能评价

序号	技能点	任务工单	配分	换算得分
1	换填垫层施工要点及安全保证	任务工单 4.1.1	15	
2	分析强夯地基处理方法	任务工单 4.2.1	15	
3	辨认地基处理方法	任务工单 4.3.1	10	
	总分		40	

注：①注意换算得分的算法。例如，任务工单 1 得分为 80 分，配分为 10 分，换算得分为：80×10%=8（分）。
②素质评价、知识评价可采用小组评价或学生互评进行。

总体目标测评： ＿＿＿＿＿＿＿＿

总结与反思

素质达标分析_____

_____

_____

知识达标分析_____

_____

_____

技能达标分析_____

_____

_____

学习方法分析_____

_____

_____

教学方法分析_____

_____

_____

总结_____

_____

_____

反思_____

_____

_____

建议_____

_____

_____

项目五　浅基础施工

任务一　浅基础认知

技能训练 5.1.1　判断浅基础的类型

1. 任务描述

按照浅基础分类，判断以下图属于哪一类基础，简要说明判断依据；并完成任务工单 5.1.1。

2. 任务开展

任务工单 5.1.1　判断浅基础的类型

图 1　　　　　　　　　　图 2

图 3　　　　　　　　　　图 4

续表

图 5

图 6

图 7

图 8

图 9

图 10

图 11

例如，图1：<u>属于条形基础；因为此基础为挡土墙基础，其基础长度远大于基础宽度。</u>

图2：_____ 图3：_____

图4：_____ 图5：_____

图6：_____ 图7：_____

图8：_____ 图9：_____

图10：_____ 图11：_____

3. 任务评价

评分标准：

每题 10 分。

总分：100 分 评分：_____

任务二 钢筋混凝土独立基础施工

技能训练 5.2.1 预制柱杯形基础施工

1. 任务描述

参考教材"现浇钢筋混凝土独立基础施工"案例的形式，查阅资料、结合国家或行业标准，完成"预制柱杯形钢筋混凝土基础施工"的步骤，并完成任务工单 5.2.1。

2. 任务开展

任务工单 5.2.1 预制柱杯形混凝土基础施工

1. 预制柱杯形基础施工工艺流程图。

续表

2. 预制柱杯形基础施工步骤。

施工步骤	施工内容
第一步	
第二步	
第三步	
第四步	
第五步	
第六步	
第七步	

3. 任务评价

评分标准：

第 1 题 30 分；第 2 题 70 分（每个步骤 10 分）。

总分：100 分   评分：＿＿＿＿＿＿

任务三　条形基础施工

技能训练 5.3.1　条形基础施工工艺和步骤

1. 任务描述

通过查阅资料、小组讨论：墙下条形基础和柱下条形基础的施工方法有何异同？并完成任务工单 5.3.1。

2. 任务开展

任务工单 5.3.1　条形基础施工工艺和步骤

参考：

条形基础的施工要点

（1）基础模板一般由侧板、斜撑、平撑组成。基础模板安装时,先在基槽底弹出基础边线,再把侧板对准边线垂直竖立,校正调平无误后,用斜撑和平撑钉牢。

（2）条形基础混凝土浇注宜分段分层连续进行,一般不留施工缝。

（3）当条形基础长度较长时,应考虑在适当部位留设贯通后浇带。

（4）基础浇筑完毕,表面应覆盖和洒水养护,不少于 14 d,必要时应采取保温养护措施,防止浸泡地基。

（5）基础梁底模使用土模（回填夯实拍平）,浇筑混凝土垫层,侧模使用砖胎模。基础梁穿柱钢筋暗柱、梁节点核心区配筋。

（6）基础梁混凝土浇筑时,沿着建筑物的纵向进行。

依据：_____标准

	墙下条形基础的施工方法	柱下条形基础的施工方法
相同之处		
不相同之处		

3. 任务评价

评分标准：

1. 标准（10 分）；

2. 相同之处（40 分）；

3. 不同之处（50 分）。

总分：100 分　　　　　　　　　　　　　　　　　　评分：_____

 知识测评

得分：＿＿＿＿＿＿＿

一、不定项选择选题（每题 5 分，共 30 分）

1. 基础混凝土浇筑完后，外露表面应在（　　　）内覆盖并保湿养护。

A. 10 h　　　　　　B. 12 h　　　　　　C. 24 h　　　　　　D. 8 h

2. 特种混凝土养护不得少于（　　　）。

A. 12 d　　　　　　B. 14 d　　　　　　C. 21 d　　　　　　D. 28 d

3. 垫层混凝土应在基础验槽后立即浇筑，混凝土强度达到设计强度的（　　　）后，方可进行后续施工。

A. 50%　　　　　　B. 60%　　　　　　C. 70%　　　　　　D. 80%

4. 扩展基础包括（　　　）基础。

A. 柱下钢筋混凝土独立基础　　　　　　B. 墙下钢筋混凝土条形基础

C. 筏板基础　　　　　　　　　　　　　D. 箱形基础

5. 公路挡土墙基础通常采用（　　　）。

A. 柱下独立基础　　　　　　　　　　　B. 墙下条形基础

C. 柱下条形基础　　　　　　　　　　　D. 箱形基础　　　　E. 筏板基础

6. 混凝土宜按台阶分层连续浇筑完成。对于阶梯形基础，每一个台阶作为一个浇捣层，每浇筑完一个台阶宜稍停（　　　），待其初步沉实后，再浇筑上一层。

A. 0.5 ~ 1.0 h　　　B. 0.5 ~ 1.2 h　　　C. 0.8 ~ 1.0 h　　　D. 0.8 ~ 1.2 h

二、填空题（每空 2 分，共 30 分）

1. 当建筑物上部结构采用框架结构或单层排架结构承重时，柱下常采用＿＿＿＿＿＿基础。

2. 独立基础分为＿＿＿＿＿、＿＿＿＿＿、＿＿＿＿＿和＿＿＿＿＿4 种。

3. 钢筋混凝土基础下通常设素混凝土垫层，垫层高度不宜小于＿＿＿＿＿mm，混凝土强度等级不低于＿＿＿＿＿。

4. 常见浅基础的类型有＿＿＿＿＿、＿＿＿＿＿、＿＿＿＿＿、＿＿＿＿＿和＿＿＿＿＿。

5. 无筋扩展基础是指由＿＿＿＿＿、＿＿＿＿＿、＿＿＿＿＿或毛石混凝土、灰土和三合土等材料组成的无须配置钢筋的墙下条形基础或柱下独立基础。

三、简答题（共 40 分）

1. 混凝土施工时，应注意哪些问题？（10 分）

＿＿＿＿＿＿＿＿＿＿＿＿＿＿＿＿＿＿＿＿＿＿＿＿＿＿＿＿＿＿＿＿＿＿＿＿＿

＿＿＿＿＿＿＿＿＿＿＿＿＿＿＿＿＿＿＿＿＿＿＿＿＿＿＿＿＿＿＿＿＿＿＿＿＿

＿＿＿＿＿＿＿＿＿＿＿＿＿＿＿＿＿＿＿＿＿＿＿＿＿＿＿＿＿＿＿＿＿＿＿＿＿

＿＿＿＿＿＿＿＿＿＿＿＿＿＿＿＿＿＿＿＿＿＿＿＿＿＿＿＿＿＿＿＿＿＿＿＿＿

2.分析独立基础、条形基础有何异同？（20分）

_____

_____

_____

_____

目标评价

在线测试

1.素养评价

序号	素养目标	素养点	配分	得分
1	规范意识	具有正确选用现行行业规范的能力	6	
2	安全意识	有很强的工程施工安全防范意识	6	
3	劳动精神	养成爱动脑、勤动手的好习惯和不畏施工艰辛的劳动精神	6	
4	工匠精神	形成了做事认真、完成任务精益求精的职业精神	6	
5	团结协作	小组分工协作、共同完成任务	6	
		对本任务学习有总结		
总分			30	

2.知识评价

序号	评分标准	配分	得分
1	知道浅基础的分类及适用范围	5	
2	掌握独立基础施工的工艺流程	5	
3	熟悉条形基础施工的要点和要点	5	
4	"知识测评"得分_____	15	换算得分_____
总分		30	

3. 技能评价

序号	技能点	任务工单	配分	换算得分
1	判断浅基础的类型	任务工单 5.1.1	10	
2	预制柱杯形基础施工	任务工单 5.2.1	15	
3	条形基础施工工艺和步骤	任务工单 5.3.1	15	
总分			40	

注：①注意换算得分的算法。例如，任务工单 1 得分为 80 分，配分为 10 分，换算得分为：80×10%=8（分）。
②素质评价、知识评价可采用小组评价或同学互评进行。

总体目标测评：_____

总结与反思

素质达标分析_____
_____

知识达标分析_____
_____

技能达标分析_____
_____

学习方法分析_____
_____

教学方法分析_____
_____

总结_____
_____

反思_____
_____

建议_____
_____

项目六　桩基础施工

任务一　桩基础认知

技能训练 6.1.1　判断桩基础（灌注桩）的类型

1. 任务描述

根据以下灌注桩施工图片，判断它们属于什么类型的灌注桩基础，并完成任务工单 6.1.1。

2. 任务开展

任务工单 6.1.1 判断桩基础（灌注桩）的类型

根据成孔类型，灌注桩可分为钻孔灌注桩、人工挖孔桩、沉管灌注桩。

图 1

图 2

续表

图 3

图 4

图 5

图 6

图 7

图 8

图 9

图 10

续表

根据以上施工图片，判断它们属于哪一类灌注桩基础。

属于钻孔灌注桩：_____

属于人工挖孔桩：_____

属于沉管灌注桩：_____

3. 任务评价

评分标准：

以上选对一个得 10 分，选错一个倒扣 5 分。

总分：100 分　　　　　　　　　　　　　　　评分：_____

任务二　钢筋混凝土预制桩施工

技能训练 6.2.1　预制桩施工常见质量问题处理

1. 任务描述

预制桩施工常见质量问题（桩顶被打坏、桩打歪、桩打不下去、邻桩上升、桩身断裂），怎么处理？请通过查阅资料、小组讨论，分析预制桩施工出现的常见问题产生的原因，对问题提出处理措施，需要注明资料来源（来源于规范、知网、桩基础施工参考书籍），并完成任务工单 6.2.1。

2. 任务开展

任务工单 6.2.1　预制桩施工常见质量问题处理

1. 桩顶被打坏。

产生原因：_____

_____

_____

处理措施：_____

_____

_____

续表

---

2. 桩打歪。
产生原因：＿＿＿＿＿＿＿＿＿＿＿＿＿＿＿＿＿＿＿＿＿＿＿＿＿＿＿＿＿＿

＿＿＿＿＿＿＿＿＿＿＿＿＿＿＿＿＿＿＿＿＿＿＿＿＿＿＿＿＿＿＿＿＿＿＿＿

处理措施：＿＿＿＿＿＿＿＿＿＿＿＿＿＿＿＿＿＿＿＿＿＿＿＿＿＿＿＿＿＿

＿＿＿＿＿＿＿＿＿＿＿＿＿＿＿＿＿＿＿＿＿＿＿＿＿＿＿＿＿＿＿＿＿＿＿＿

＿＿＿＿＿＿＿＿＿＿＿＿＿＿＿＿＿＿＿＿＿＿＿＿＿＿＿＿＿＿＿＿＿＿＿＿

---

3. 桩打不下去。
产生原因：＿＿＿＿＿＿＿＿＿＿＿＿＿＿＿＿＿＿＿＿＿＿＿＿＿＿＿＿＿＿

＿＿＿＿＿＿＿＿＿＿＿＿＿＿＿＿＿＿＿＿＿＿＿＿＿＿＿＿＿＿＿＿＿＿＿＿

处理措施：＿＿＿＿＿＿＿＿＿＿＿＿＿＿＿＿＿＿＿＿＿＿＿＿＿＿＿＿＿＿

＿＿＿＿＿＿＿＿＿＿＿＿＿＿＿＿＿＿＿＿＿＿＿＿＿＿＿＿＿＿＿＿＿＿＿＿

＿＿＿＿＿＿＿＿＿＿＿＿＿＿＿＿＿＿＿＿＿＿＿＿＿＿＿＿＿＿＿＿＿＿＿＿

---

4. 一桩打下，邻桩上升了。
产生原因：＿＿＿＿＿＿＿＿＿＿＿＿＿＿＿＿＿＿＿＿＿＿＿＿＿＿＿＿＿＿

＿＿＿＿＿＿＿＿＿＿＿＿＿＿＿＿＿＿＿＿＿＿＿＿＿＿＿＿＿＿＿＿＿＿＿＿

处理措施：＿＿＿＿＿＿＿＿＿＿＿＿＿＿＿＿＿＿＿＿＿＿＿＿＿＿＿＿＿＿

＿＿＿＿＿＿＿＿＿＿＿＿＿＿＿＿＿＿＿＿＿＿＿＿＿＿＿＿＿＿＿＿＿＿＿＿

＿＿＿＿＿＿＿＿＿＿＿＿＿＿＿＿＿＿＿＿＿＿＿＿＿＿＿＿＿＿＿＿＿＿＿＿

---

5. 桩身断裂。
产生原因：＿＿＿＿＿＿＿＿＿＿＿＿＿＿＿＿＿＿＿＿＿＿＿＿＿＿＿＿＿＿

＿＿＿＿＿＿＿＿＿＿＿＿＿＿＿＿＿＿＿＿＿＿＿＿＿＿＿＿＿＿＿＿＿＿＿＿

处理措施：＿＿＿＿＿＿＿＿＿＿＿＿＿＿＿＿＿＿＿＿＿＿＿＿＿＿＿＿＿＿

＿＿＿＿＿＿＿＿＿＿＿＿＿＿＿＿＿＿＿＿＿＿＿＿＿＿＿＿＿＿＿＿＿＿＿＿

＿＿＿＿＿＿＿＿＿＿＿＿＿＿＿＿＿＿＿＿＿＿＿＿＿＿＿＿＿＿＿＿＿＿＿＿

3. 任务评价

评分标准：

以上每题 20 分。

总分：100 分   评分：＿＿＿＿＿＿＿

任务三 钢筋混凝土灌注桩施工

技能训练 6.3.1 桩基础施工工艺

1. 任务描述

以下工单是一个桩基础施工工艺流程图。请查阅相关规范，判断是什么基础施工工艺？对照规范检查流程是否正确？如果有不符合规范的地方，请纠正并完成任务工单 6.3.1。

2. 任务开展

任务工单 6.3.1 桩基础施工工艺

1. 依据规范：《＿＿＿＿＿＿＿＿＿＿＿＿＿＿＿＿＿＿＿＿＿》（＿＿＿＿＿＿＿＿）
第＿＿页，主要内容：＿＿＿＿＿＿＿＿＿＿＿＿＿＿＿＿＿＿＿＿＿＿＿＿
＿＿＿＿＿＿＿＿＿＿＿＿＿＿＿＿＿＿＿＿＿＿＿＿＿＿＿＿＿＿＿＿＿＿
＿＿＿＿＿＿＿＿＿＿＿＿＿＿＿＿＿＿＿＿＿＿＿＿＿＿＿＿＿＿＿＿＿＿

2. 根据规范，判断是哪一类桩基础施工工艺？
＿＿＿＿＿＿＿＿＿＿＿＿＿＿＿＿＿＿＿＿＿＿＿＿＿＿＿＿＿＿＿＿＿＿
＿＿＿＿＿＿＿＿＿＿＿＿＿＿＿＿＿＿＿＿＿＿＿＿＿＿＿＿＿＿＿＿＿＿

3. 下图所示施工工艺流程，如果有不符合规范的地方，请纠正（需要修改的直接在流程图上修改内容）。

施工工艺流程图

```
检查有害气体浓度          场地平整
                          桩位测定
                            │
通风换气 ──────→ 开挖桩孔 ──────→ 孔口设置吊架
                          孔内出土
                        立模灌注护壁
                          下一循环
                          成孔检查
混凝土配和比选配      钢筋笼吊装就位 ←──── 钢筋笼加工制作
混凝土拌和与运输      灌柱桩身混凝土
```

3. 任务评价

评分标准:
第 1 题 30 分; 第 2 题 10 分; 第 3 题 60 分。

总分: 100 分   评分: _____

知识测评   得分: _____

一、填空题 (每空 3 分, 共 36 分)

1. 按桩的传力及作用性质的不同, 桩可以分为_____和_____两种。
2. 桩按施工方法的不同, 桩可以分为_____、_____两大类。
3. 锤击法沉桩的打桩设备主要包括_____、_____及_____三部分。
4. 桩的中心距小于_____桩直径（边长）时, 应在打桩前拟定合理的打桩顺序。
5. 预制桩的混凝土强度达到设计强度标准值的_____后才能运输和打桩。
6. 套管成孔灌注桩分为_____和_____两种。
7. 泥浆护壁成孔灌注桩水下浇筑混凝土时, 混凝土的坍落度宜为_____mm。

二、单项选择题 (每题 3 分, 共 27 分)

1. 桩尖位于一般软土层时, 预制桩以（   ）控制为主。
A. 贯入度   B. 桩尖标高   C. 桩顶标高   D. 锤击次数
2. 重叠层数一般不宜超过（   ）层。
A. 1   B. 2   C. 3   D. 4
3. 预制桩浇筑完成后, 应洒水养护不少于（   ）d。
A. 7   B. 8   C. 9   D. 14
4. 为提高钢筋混凝土预制桩的打桩质量, 锤击沉桩时应（   ）。
A. 轻锤低击, 低提重打   B. 轻锤高击, 高提重打
C. 重锤低击, 低提重打   D. 重锤高击, 高提重打
5. 钢筋混凝土预制桩的设计标高不同时, 应采用的打桩顺序是（   ）。
A. 先深后浅   B. 先粗后细   C. 先大后小   D. 先长后短
6. 关于钢筋混凝土灌注桩钢筋笼的制作要求, 正确的是（   ）。
A. 主筋必须环向均匀布置
B. 箍筋和主筋之间采用绑扎时仅在两端焊接
C. 分段制作的钢筋笼, 接头必须采用绑扎
D. 主筋必须设弯钩
7. 对于密集群桩, 不合理的打桩顺序为（   ）。
A. 自中间向四周对称施打   B. 分段后在各段内施打

C. 自中间向两个方向对称施打　　　　D. 从周边向中间打

8. 桩的混凝土达到设计强度标准值的（　　）后，方可起吊。

A. 50%　　　　　　B. 60%　　　　　　C. 70%　　　　　　D. 80%

9. 振动沉管灌注桩的拔管速度应控制在（　　）m/min 以内。

A. 1　　　　　　　B. 1.2　　　　　　C. 1.5　　　　　　D. 1.8

三、判断题（每题 2 分，共 16 分）

1. 如果桩的规格不同，打桩顺序宜先大后小，先长后短。　　　（　　）
2. 停锤原则以控制贯入度为主，桩端设计标高可作为参考。　　（　　）
3. 振动沉管灌注桩施工时，采用反插法能使桩的截面积增大，提高桩的承载能力。　　　　（　　）
4. 桩距小于 4 倍桩直径时，可采用逐排施打的打桩顺序。　　（　　）
5. 锤击沉管灌注桩可采用反插法，以提高桩的承载力。　　　（　　）
6. 泥浆护壁成孔灌注桩混凝土浇筑是在泥浆中进行的。　　　（　　）
7. 在泥浆护壁灌注桩施工中，泥浆的作用主要是定位。　　　（　　）
8. 水下混凝土灌注时间不得超过首批混凝土的初凝时间。　　（　　）

四、拓展题（21 分）

泥浆护壁成孔灌注桩施工中，泥浆的作用是什么？（11 分）

_____

_____

_____

排渣的作用是什么？排渣工艺有哪两类？（各 5 分）

排渣的作用：_____

_____

_____

排渣工艺分类：_____

_____

_____

 **目标评价**

在线测试

1. 素养评价

序号	素养目标	素养点	配分	得分
1	规范意识	对基础施工已经具有很强的规范意识	6	
2	安全意识	各种桩基础施工安全防范意识强	6	
3	劳动精神	形成热爱职业、热爱劳动、甘愿奉献的爱岗敬业精神	6	
4	工匠精神	养成不断学习的习惯以及做事精益求精、为国家做贡献的工匠精神	6	
5	团结协作	有小组分工协作、共同完成任务的行为	6	
		对本任务学习有总结		
总分			30	

2. 知识评价

序号	评分标准	配分	得分
1	知道预制桩施工的工艺流程	5	
2	掌握灌注桩施工的工艺及施工要点	5	
3	熟悉各类桩施工的安全事项和质量控制要求	5	
4	"知识测评"得分_____	15	换算得分_____
总分		30	

3. 技能评价

序号	技能点	任务工单	配分	换算得分
1	判断桩基础（灌注桩）的类型	任务工单 6.1.1	15	
2	预制桩施工常见质量问题处理	任务工单 6.2.1	15	
3	桩基础施工工艺	任务工单 6.3.1	10	
总分			40	

注：①注意换算得分的算法。例如，任务工单 1 得分为 80 分，配分为 10 分，换算得分为：80×10%=8（分）。
②素质评价、知识评价可采用小组评价或同学互评进行。

总体目标测评：_____

总结与反思

素质达标分析_____
_____
_____

知识达标分析_____
_____
_____

技能达标分析_____
_____
_____

学习方法分析_____
_____
_____

教学方法分析_____
_____
_____

总结_____
_____
_____

反思_____
_____
_____

建议_____
_____
_____

项目七 沉井与地下连续墙施工

任务一 沉井施工

技能训练 7.1.1 沉井施工要点

1. 任务描述

某山洪截滞管网工程，拟在堤岸维护带敷设混凝土管，混凝土管敷设总长度约 4.94 km。出于维护沿线邻近构筑物安全稳定性需要，整条混凝土管敷设线路选择顶管工作井施工，顶管工作井施工工艺为沉井法。根据国家规范、标准，掌握沉井施工要点，完成任务工单 7.1.1。

2. 任务开展

任务工单 7.1.1 沉井施工要点

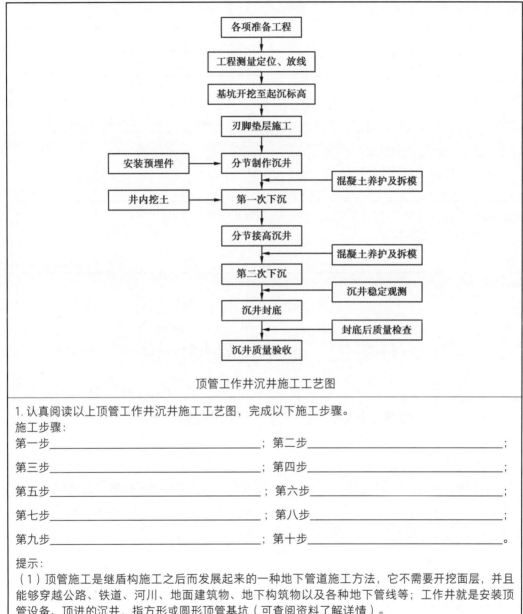

顶管工作井沉井施工工艺图

1. 认真阅读以上顶管工作井沉井施工工艺图，完成以下施工步骤。

施工步骤：

第一步_____；第二步_____；

第三步_____；第四步_____；

第五步_____；第六步_____；

第七步_____；第八步_____；

第九步_____；第十步_____。

提示：

（1）顶管施工是继盾构施工之后而发展起来的一种地下管道施工方法，它不需要开挖面层，并且能够穿越公路、铁道、河川、地面建筑物、地下构筑物以及各种地下管线等；工作井就是安装顶管设备、顶进的沉井，指方形或圆形顶管基坑（可查阅资料了解详情）。

（2）完成本任务，需要查阅《公路桥涵施工技术规范》（JTG /T3650—2020）《建筑地基基础工程施工规范》(GB 51004—2015)。

续表

2.山洪截滞管网工程沉井施工中，工作井下沉时，应符合哪些规定？注明来自于哪一个规范。
工作井下沉时，应符合以下规定_____
_____
_____
_____
_____
规范：_____

3. 任务评价

评分标准：	
第一题 30 分；第二题 70 分。	
总分：100 分	评分：_____

任务二　地下连续墙施工

技能训练 7.1.1　地下连续墙施工要点

1. 任务描述

地下连续墙施工应设置导墙，导墙施工应符合一定规定，试根据《公路桥涵施工技术规范》（JTG /T 3650—2020）、《建筑地基基础工程施工规范》(GB 51004—2015)对比导墙施工要求的异同，并完成任务工单 7.2.1。

2. 任务开展

任务工单 7.2.1　　地下连续墙施工要点

提示：
1. 查阅《公路桥涵施工技术规范》（JTG /T3650—2020）导墙施工要求；
2. 查阅《建筑地基基础工程施工规范》(GB 51004—2015) 导墙施工要求；
3. 进行对比分析。
导墙施工要求

续表

《公路桥涵施工技术规范》 （JTG /T3650-2020）规定		《建筑地基基础工程施工规范》 (GB 51004—2015) 规定
相同点		
不不同点		

3. 任务评价

评分标准：

相同点 40 分；不同点 60 分。

总分：100 分   评分：＿＿＿＿＿＿

知识测评   得分：＿＿＿＿＿＿

一、单项选择题（每题 5 分，共 50 分）

1. 两导墙的内侧间距宜比地下连续墙墙体的厚度大（　　　）。

A. 30 ～ 40 mm　　　　B. 40 ～ 60 mm　　　　C. 40 ～ 50 mm　　　　D. 50 ～ 60 mm

2. 导墙应采用现浇混凝土结构，混凝土强度等级不应低于 C20，厚度不应小于（　　　）。

A. 100 mm   B. 200 mm   C. 300 mm   D. 400 mm

3. 导墙底端埋入土内的深度宜大于（　　）。

 A. 0.5 m   B. 1 m   C. 1.5 m   D. 2 m

4. 导墙顶端应高出地面，遇地下水位较高时，导墙顶端应高于稳定后的地下水位以上（　　）。

A. 0.5 m   B. 1 m   C. 1.5 m   D. 2 m

5. 一般情况下，在稳定条件许可时，沉井分节制作高度需要尽可能高一些，通常为（　　）。

   A. 1 ~ 2 m   B. 2 ~ 4 m   C. 3 ~ 4 m   D. 3 ~ 5 m

6. 沉井下沉时，应随时进行纠偏，保持竖直下沉，每下沉（　　）至少应检查一次。

 A. 0.5 m   B. 1 m   C. 1.5 m   D. 2 m

7. 连续墙成槽机械开挖一定深度后，应立即输入调制好的泥浆，并宜保持槽内的泥浆面不低于导墙顶面（　　）。

   A. 100 mm   B. 200 mm   C. 300 mm   D. 400 mm

8. 清理槽底和置换泥浆工作结束 1h 后，应进行检验，槽底以上（　　）处的泥浆相对密度应不大于 1.15，槽底沉淀物厚度应符合设计要求。

 A. 100 mm   B. 200 mm   C. 300 mm   D. 400 mm

9. 导墙混凝土应对称浇筑，达到设计强度的（　　）后方可拆模，拆模后的导墙应加设对撑。

 A. 50%   B. 60%   C. 70%   D. 80%

10. 地下连续墙新拌制泥浆应经充分水化，贮放时间不应少于（　　）。

 A. 12 h   B. 24 h   C. 48 h   D. 36 h

二、判断题（每题 5 分，共 25 分）

1. 地下连续墙施工中，混凝土采用导管法灌注，采用多根导管灌注时，导管间净距宜不大于 3 m。 （　　）

2. 地下连续墙施工前，应通过试成槽确定合适的成槽机械、护壁泥浆配比等技术参数。 （　　）

3. 地下连续墙施工中，只能用液压铣槽机切槽。 （　　）

4. 导墙内每隔 1 ~ 1.5 m 设置一道支撑，以防止导墙被外侧土压力挤垮。 （　　）

5. 沉井施工时，每根导管开始灌注所用的混凝土坍落度宜采用上限。 （　　）

三、拓展题（25 分）

示例：地下连续墙施工中注意以下问题：

（1）成槽垂直度控制非常重要，施工中必须派专人与成槽司机配合，专人负责在槽口测量成槽机钢丝绳的对中情况，稍有偏差即指挥司机纠正。

（2）泥浆的配置一定要符合设计和规范要求，而且施工前要进行适配。成槽结束后要进行泥浆清孔、换浆。

（3）严格控制水下混凝土终凝时间，必要时加入一定的缓凝剂，以防提前终凝，造成接头管不能拔出的事故。

（4）钢筋笼施工前需进行吊筋、定位钢筋及加强钢筋的深化，防止在吊装过程中产生不可恢复的变形。

（5）保证泥浆循环二次清底和刷壁质量，以防止地下连续墙墙体和接头夹泥夹渣，造成渗、漏水。

（6）混凝土浇筑过程中需正确控制导管埋深，防止导管因埋入过深而造成无法拔出的事故。

（7）由于地连墙外侧是水泥桩槽壁加固，故要在槽段接缝处高压旋喷桩施工前先进行桩引孔。

参照"地下连续墙施工注意问题"，查阅资料总结"沉井施工注意问题"。

沉井施工中注意以下问题：

_____

_____

_____

_____

_____

_____

_____

目标评价

1. 素养评价

序号	素养目标	素养点	配分	得分
1	规范意识	善于正确选择和使用相关现行规范	6	
2	安全意识	有工程施工安全防范意识	6	
3	劳动精神	热爱劳动，具有爱岗敬业精神	6	
4	工匠精神	完成技能任务认真负责、精益求精	6	
5	学习能力	有拓展学习的能力和习惯	6	
		总分	30	

2. 知识评价

序号	评分标准	配分	得分
1	知道沉井、地下连续墙的定义和适用范围	5	
2	掌握沉井施工要求及施工工艺	5	
3	熟悉地下连续墙的施工方法	5	
4	"知识测评"得分	15	换算得分_____
	总分	30	

3. 技能评价

序号	技能点	任务工单	配分	换算得分
1	沉井施工要点	任务工单 7.1.1	20	
2	地连墙施工要点	任务工单 7.2.1	20	
	总分		40	

注：①注意换算得分的算法。例如，任务工单 1 得分为 80 分，配分为 10 分，换算得分为：80×10%=8（分）。
②素质评价、知识评价可采用小组评价或同学互评进行。

总体目标测评：_____

总结与反思

素质达标分析_____
知识达标分析_____
技能达标分析_____
学习方法分析_____
教学方法分析_____
总结_____
_____
反思_____
_____
建议_____
_____